INVENTAIRE
S 22,405

AF308619

NOTICE SUR LES EAUX

DE

SAINT-DENIS ET DE SAINT-OUEN

Par Ch. ANDRÉ

INGÉNIEUR CIVIL.

PARIS

IMPRIMERIE ADMINISTRATIVE PAUL DUPONT
45, RUE DE GRENELLE-SAINT-HONORÉ, 45.

1867

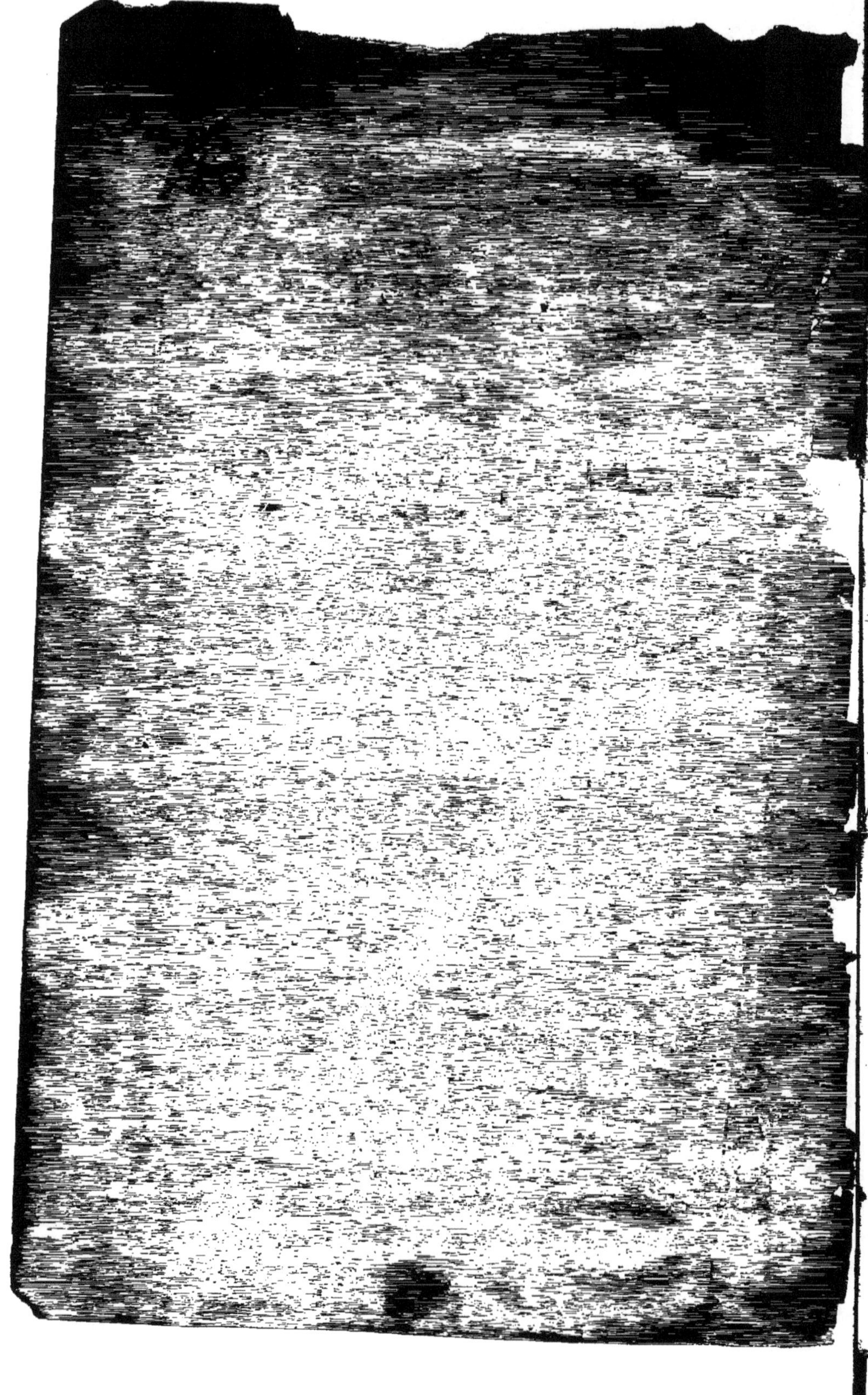

NOTICE SUR LES EAUX

DE

SAINT-DENIS ET DE SAINT-OUEN

Par Ch. ANDRÉ,

INGÉNIEUR CIVIL.

8673

PARIS

IMPRIMERIE ADMINISTRATIVE DE PAUL DUPONT,

rue de Grenelle-Saint-Honoré, 45.

1868
1867

Paris, le 10 novembre 1867.

Monsieur F. Brocard, gérant de la Compagnie des eaux de Seine,
de Saint-Denis et de Saint-Ouen,

Je vous adresse ci-joint le travail que vous m'avez fait l'honneur de me demander sur les eaux dont disposent les habitants de Saint-Denis et de Saint-Ouen.

Ces localités étant très-industrielles, c'est surtout au point de vue des applications de ces eaux à l'industrie que je me suis placé.

Je dois des remerciments à M. Saint-Just Dru, l'habile sondeur qui a foré ou retubé presque tous les puits artésiens de Saint-Denis, pour les indications géologiques et les cotes qu'il a bien voulu mettre à ma disposition; j'en dois également au savant hydrologue, M. Robinet, pour divers renseignements qu'il a eu l'obligeance de me donner.

J'ai exposé, en tête de mes notes, les procédés dont je me suis servi, et j'ai fait figurer à la fin, pour fournir des points de comparaison, le titre hydrotimétrique d'un certain nombre d'eaux connues.

Veuillez agréer, Monsieur, l'assurance de ma parfaite considération,

CH. ANDRÉ.

NOTICE SUR LES EAUX

DE

SAINT-DENIS ET DE SAINT-OUEN

Le choix des eaux et les moyens de les approprier à l'usage de l'homme ont préoccupé tous les peuples. Autrefois, on recherchait surtout les eaux potables ; aujourd'hui, les essais d'eaux intéressent non-seulement l'hygiène, mais encore l'agriculture, l'industrie, la pisciculture, etc.

Les eaux, en traversant les diverses roches qui constituent l'écorce terrestre, se chargent d'une certaine quantité de substances empruntées à ces roches. Il y a déjà dix-huit siècles que Pline a dit :

Tales sunt aquæ, qualis est terra per quam fluunt.

Les procédés ordinaires de la chimie exigent trop de temps pour que l'on puisse en faire constamment usage dans la détermination de ces substances. En outre, leur exactitude est généralement peu nécessaire et même peu logique, puisque la composition des eaux à l'air libre est très-sensiblement modifiée par la température, la pression barométrique, les pluies, etc.

Ainsi, par exemple, la Seine, à Paris, n'a pas sur ses rives la même composition aux heures où la ville ouvre ses bornes-fontaines et ses bouches sous trottoir qu'aux heures où la dépense d'eau est presque nulle.

L'agitation causée par les bateaux-omnibus de l'Exposition a dérangé aussi beaucoup les analyses; elle mettait en suspension des dépôts qui se reformaient en aval.

Il y a donc lieu, en général, de se contenter de procédés plus expéditifs et moins rigoureux que ceux de l'analyse quantitative ordinaire. Celui dont j'ai fait usage est l'hydrotimétrie (1). Il a pour point de départ les observations du docteur Clarke sur l'emploi de la teinture alcoolique de savon, pour mesurer la dureté d'une eau. Il a été perfectionné et rendu très-pratique par MM. Boutron et Boudet.

L'hydrotimétrie a servi entre autres, aux belles recherches de M. Belgrand sur les eaux du bassin de Paris; elle sert en ce moment à celles de M. Robinet, qui prépare un travail sans précédent : un dictionnaire hydrographique de la France.

La liqueur hydrotimétrique de MM. Boutron et Boudet contient :

$$
\begin{array}{ll}
\text{Savon de Marseille......} & 100^{\text{g}} \\
\text{Alcool à } 90^{\circ}........... & 1{,}600. \\
\text{Eau................} & 1{,}000. \\
\hline
& 2{,}700.
\end{array}
$$

La burette graduée, dite hydrotimètre, est faite de telle manière qu'une capacité de 2^{c} 4, prise à partir d'un trait circulaire tracé au sommet de l'instrument, se trouve divisée en 23 parties

---

(1) ὕδωρ, eau ; τιμή, valeur ; μέτρον, mesure.

égales ; chaque division représente un degré. Le flacon où l'on met l'eau à essayer est jaugé à 40 centimètres cubes.

La première division de la burette représente la quantité de liqueur qu'il faut employer pour produire après agitation la mousse persistante avec 40 centimètres cubes d'eau distillée. Le premier degré de l'hydrotimètre ne commence donc qu'à la seconde division de la burette.

La dissolution de savon est décomposée par les sels calcaires et les sels magnésiens.

40 centimètres cubes d'une dissolution aqueuse, contenant par litre 0ᵉ25 de chlorure de barium, doivent marquer 22° à l'hydroti- mètre : on ajoute, s'il le faut, du savon ou de l'eau-de-vie à la liqueur pour obtenir ce degré qui sert de point de repaire.

Quand on agite une eau avec de la liqueur hydrotimétrique, on ne peut obtenir la mousse persistante que lorsque tous les sels calcaires et magnésiens ont agi pour produire des savons à base de chaux ou de magnésie.

L'acide carbonique libre ou en excès sur les carbonates agit aussi sur cette liqueur.

En éliminant d'une eau, les uns après les autres, les sels qui agissent sur la liqueur hydrotimétrique, on détermine le degré de chacun d'eux ; en multipliant ce degré par l'*équivalent* hydroti- métrique du corps, on a son poids par litre d'eau.

9 mai 1867.

Ainsi, par exemple, j'ai trouvé, canal Saint-Denis :

Titre total....................	31° 5
Précipité par l'oxalate d'ammoniaque et filtré..	9. 75
Bouilli et filtré.........................	13.
Bouilli, filtré, précipité par l'oxalate d'ammo- niaque et filtré....	7. 75

La première opération élimine les sels de chaux; donc on a : sels de chaux, 31.5 — 9.75 = 21.75.

L'ébullition élimine l'acide carbonique libre ou à l'état de bicarbonate; le carbonate de chaux qui était dissous à la faveur de cet excès d'acide, se précipite; il en reste cependant un peu, car ce sel n'est pas complétement insoluble; la quantité qui reste influe de 3° sur le titre de l'eau bouillie; donc 13° — 3° représente les sels de magnésie et les sels de chaux, autres que le carbonate (ordinairement c'est le sulfate), soit . . . . . . 10°

Les sels de magnésie sont représentés par. . . .   7. 75

Sels de chaux autres que le carbonate,
10 — 7.75 = ...   2. 25

Acide carbonique, 9.75 — 7.75 = ...   2.

31.5 — (7.75 + 2.25 + 2) = 19.5 représente le carbonate de chaux.

On peut doser séparément les sulfates à l'aide d'une liqueur titrée d'azotate de baryte et les chlorures à l'aide d'une liqueur titrée d'azotate d'argent. On se contente souvent de verser de ces réactifs dans la liqueur bouillie et filtrée pour découvrir s'il y a des sulfates et des chlorures.

On a eu ici :

Avec l'azotate de baryte, trouble blanc,
Avec l'azotate d'argent, léger trouble.

En multipliant chacun des résultats numériques précédemment obtenus par l'équivalent hydrotimétrique du corps, on a le poids de ce corps par litre d'eau.

On peut donc dresser le tableau suivant :

Titre hydrotimétrique......................... 31° 5
Savon décomposé par li-
tre, avant de produire
la mousse.......... 31.5 × 0.1061 = 3ᵍ34
Acide carbonique, par
litre (1) .... 2. × 0.005 = 0 01

Carbonate de chaux..... 19.5 × 0.0103 = 0ᵍ20
Sulfate id........ 2.25 × 0.014 = 0 03
Sels de magnésie (en sup-
posant le chlorure).... 7.75 × 0.009 = 0 07

Sels terreux, par litre............... 0ᵍ30

On voit que la quantité de savon employée par litre d'eau est représentée en grammes par un nombre voisin de 1/10 du titre ; celle des sels terreux par un nombre voisin de 1/100.

Cette précieuse coïncidence, qui a lieu dans les eaux peu séléniteuses, dispense, en beaucoup de cas, de faire l'analyse hydrotimétrique complète. S'il s'agit, par exemple d'apprécier la qualité de l'eau au point de vue du blanchissage, ou bien si l'on veut se rendre rapidement compte de la proportion de sels terreux qu'elle laissera après l'évaporation.

Pour savoir comment une eau se comportera dans les chaudières à vapeur, on peut se contenter de prendre le titre de cette eau crue, puis ensuite bouillie.

---

(1) Pour opérer sûrement, il faudrait, au lieu de filtrer l'eau précipiter par l'oxalate d'ammoniaque, la décanter simplement ; le filtre a la propriété de chasser de l'acide carbonique.

On pourrait doser directement le bi-carbonate de chaux par d'autres procédés volumétriques, par exemple, à l'aide de la dissolution aqueuse ou alcoolique de la *liguline*. Cette substance, extraite par **M.** Nicklès du Troëne (ligustrum lantana, famille des oléacées), est d'un rouge cramoisi qui tourne au bleu par l'addition du bi-carbonate de chaux. Elle ne contient pas d'azote, ce qui rend sa conservation facile.

L'hydrotimétrie ne peut donner aucun renseignement sur la proportion des matières organiques contenues dans les eaux ; l'analyse chimique la plus complète ne pourrait pas doser séparément ces substances, sauf peut-être deux ou trois. Elle se bornerait à donner le poids total de matière organique ou bien à prendre la richesse en azote ou en ammoniaque.

Un moyen simple de comparer plusieurs eaux au point de vue des matières végétales ou animales qu'elles renferment, est d'en laisser des échantillons exposés à une température de 25° environ ; l'eau qui se corrompt la première est la plus chargée de matières organiques facilement décomposables.

Le procédé dont j'ai fait usage est celui dont se sert **M. E. Monnier**.

Ce chimiste l'avait, dès 1858, appliqué à la détermination des matières animales et de l'hydrogène sulfuré contenu dans l'air atmosphérique. Il consiste dans l'emploi du permanganate de potasse. Ce sel est réduit et décoloré par les matières organiques.

On dissout dans un litre d'eau distillée 1 gramme de permanganate de potasse pur et cristallisé, soit 1 milligramme par centimètre cube. On porte à une température constante de 65° l'eau à essayer ; on l'acidule par 2/1000 d'acide sulfurique et on verse goutte à goutte le réactif.

A cette température, l'oxydation des matières organiques marche rapidement et lorsque la teinte rosée du réactif persiste, on lit sur la burette le volume versé.

Cet essai se fait commodément en employant un demi-litre d'eau. Il m'a paru convenable pour comparer entre elles des eaux renfermant des matières organiques semblables.

M. Monnier a obtenu par ce procédé les résultats suivants :

5 octobre 1865. — A Bercy, la Seine a décomposé par litre 5 à 6 milligrammes de permanganate de potasse.

La Bièvre, en 1860, a réduit 58 milligrammes.

La Seine, au pont d'Asnières, c'est-à-dire en amont de l'égout, 6 à 7 milligrammes.

Les eaux de l'égout d'Asnières......... 105
La Seine, à 500 mètres en aval de l'égout. 16
id.   au pont de Saint-Ouen........ 9

On voit avec quelle rapidité se forment les dépôts. Nous verrons plus loin les résultats que j'ai obtenus à Saint-Denis.

PUITS ORDINAIRES.

Ces puits, pratiqués dans le calcaire Saint-Ouen, que l'on rencontre sous le diluvium, fournissent des eaux remarquables par leurs proportions de sels.

Les boulangers s'en servent pour confectionner leur pâte ; cela leur procure une petite économie de sel marin et donne, comme ils disent, plus de *poids* à leur pain. Il est possible que le plâtre que contiennent ces eaux donne au pain une saveur légèrement amère, et que, en gagnant un peu sous le rapport du poids, on perde sous celui de la qualité.

Les eaux les plus chargées sont celles des puits dont on se sert peu, soit parce qu'elles sont souillées par des infiltrations dues au voisinage des fosses d'aisances, soit pour toute autre cause ; on sait en effet que les matières organiques, en présence du plâtre, donnent de l'hydrogène sulfuré, dont l'odeur est désagréable.

Le sulfate de chaux qui se trouve dans l'eau de ces puits la rend lourde, indigeste, impropre au blanchissage et à la cuisson des légumes ; ceux-ci s'y durcissent au lieu de se ramollir.

On doit éviter de faire usage d'eau séléniteuse pour certaines préparations. On a reconnu, par exemple, que ces eaux exigeaient l'emploi d'une plus grande quantité de feuilles pour donner le même arome à l'infusion du thé.

Les eaux des puits ordinaires, celles des puits forés et celles des puits artésiens de Saint-Denis incrustent les chaudières à vapeur et peuvent donner lieu à de graves accidents (brûlures de chaudières, explosions, etc., (du genre des suivants, extraits du *Moniteur universel* du 2 octobre 1865). Le même numéro du journal rappelle les pénalités dont sont passibles les industriels chez lesquels arrivent des accidents (loi du 21 juillet 1856; amende jusqu'à 3,000 francs, prison jusqu'à cinq ans).

Sur seize accidents arrivés en 1864, il y en a deux qui sont dus aux incrustations.

DATE

DATE de L'EXPLOSION.	NATURE et SITUATION de l'établissement où l'appareil était placé.	NATURE, FORME et DESTINATION de l'appareil. — Détails divers.	CIRCONSTANCES de L'EXPLOSION.
2 janvier 1864.	Papeterie à Paris. — Propriétaire, M. Lecoursonnois.	Chaudière cylindrique à deux bouilleurs ; capacité de 6^{mc} 350. Timbre, 5 atmosphères.	Rupture du corps cylindrique et des bouilleurs; le premier en deux parties, les autres en un grand nombre de petits fragments.
1er février 1864.	Briqueterie de Montchanin (Saône-et-Loire). — Propriétaire, MM. Avril et Cie. Constructeur, le Creusot.	Chaudière cylindrique à un bouilleur, d'une capacité d'environ 12^{mc} 180. Longueur du bouilleur, 8^{m}60. Diamètre, 0^{m}70. Timbre, 5 atmosphères.	Fissure au coup de feu. Au moment de la reprise du travail, abondant dégagement de vapeur.

SUITES de L'EXPLOSION.	CAUSES PRÉSUMÉES DE L'EXPLOSION.
Chauffeur tué. Projection de la moitié du corps cylindrique jusqu'à 50 mètres de hauteur. Local du générateur entièrement détruit.	Dépôt de matières incrustantes, au-dessus du foyer, dû à l'emploi d'eaux séléniteuses et à l'insuffisance des nettoyages. Sous l'action de la chaleur, les incrustations se sont fendillées, et l'eau, arrivée au contact des parois métalliques fortement chauffées, s'est subitement transformée en vapeur à très-haute pression.
Chauffeur légèrement brûlé. Dégâts matériels peu importants.	Brûlure et déformation de la tôle du coup de feu, par suite de dépôts incrustants épais dus à la nature des eaux et à l'insuffisance du nettoyage.

28 avril 1867.

Puits de la mairie de Saint-Denis.

Titre hydrotimétrique........................... . 200°

Renferme par litre :

    Carbonate de chaux..........0^g 39
    Sulfate   id....... .... 1 89
    Sels de magnésie.......... 0 24
    ———————
    Sels terreux, par litre ...... 2^g 52

Beaucoup de chlorures.

13 juin 1867.

Puits, rue du Port n° 18, à Saint-Denis.

Titre hydrotimétrique........................... . 155°

    Carbonate de chaux....... 0^g 360
    Sulfate   id......... 1 481
    Sulfate de magnésie....... 0 153
    ———————
    Sels terreux, par litre..... 1^g 944, environ 2^g

a décomposé, par litre, 5^{millig} 2 de permanganate de potasse.

28 avril 1867.

Puits, rue de Paris n° 105, à Saint-Denis.

Titre hydrotimétrique......................... 88°

Cette eau est assez bonne à boire

6 juin 1867.

Puits, chemin des Poissonniers, n° 4, à Saint-Denis.

Titre hydrotimétrique.. .... 90° 5

18 juin 1867.

Puits de M. J. Belleville, à l'Ermitage (Saint-Denis).

Le 24 juillet, le titre hydrotimétrique a été de.......

Cette eau sert à **M. Belleville**; elle incruste de carbonate de chaux le vase alimentaire, et de sulfate les tubes qui constituent ses chaudières. Le dépôt, dans ces derniers, est d'environ 7 millimètres au bout de 15 jours de marche; on l'enlève alors à l'aide d'une tarière spéciale.

M. Belleville se propose de prendre un abonnement d'eau de Seine pour la boisson de ses ouvriers et probablement aussi pour ses chaudières.

On peut ranger à côté de l'eau des puits ordinaires celle qui, à la suite d'une saison pluvieuse, envahit les caves de certains quartiers.

23 mai 1867.

Ainsi, rue Compoise n° 37 :

Titre hydrotimétrique.................... 280°.

Il est inutile de faire remarquer que de telles eaux ne sauraient être utilisées, même pour l'arrosage; elles sont presque saturées de sulfate de chaux (l'eau en dissout, à la température des caves, environ 2^g 25 par litre). Ce sel, quand il est voisin de son point de saturation, se dépose par suite de l'évaporation, et enveloppe d'une pellicule séléniteuse, les feuilles et les radicelles des végétaux, ce qui leur enlève la faculté de respirer et de se nourrir. Les eaux de puits très-chargées produisent aussi cet effet.

PUITS FORÉS.

Ces puits prennent leur eau dans les sables de Beauchamps, sous le calcaire de Saint-Ouen (sables moyens).

Leurs points d'affleurement sont : Beauchamps, Pierrelage, Beloi, Louvres, le bas de Dammartin, la vallée de la Marne, la forêt d'Hallète, etc., à des côtes variant de 55 à 110 mètres. Ils sont jaillissants à Enghien, Serran, Gonesse, Stains. A Saint-Denis et à Saint-Ouen, ils ne jaillissent pas et exigent l'emploi de pompes.

Quelques industriels s'en servent; nous citerons :

23 mai 1867.

MM. Farcot et fils, à Port-Saint-Ouen.

Puits de la Chaudronnerie.

Profondeur 30 mètres, sert à la condensation seulement.
Titre hydrotimétrique.............................. 144°

23 mai 1867.

MM. Pleyel, Wolff et Cie, à Saint-Denis.

Profondeur du puits, 30 mètres.................. 96°
Ne sert pas à l'alimentation des chaudières.
Le même échantillon, essayé de nouveau le 28 juillet, a marqué .... 84°

Il y avait au fond du flacon un dépôt de carbonate de chaux, et l'eau avait acquis une odeur légèrement infecte.

L'analyse hydrotimétrique donne pour ce puits :

Carbonate de chaux....... 0.597
Sulfate   id 0.504
Sels de magnésie......... 0.018
____
Sels terreux, par litre...... 1.119

18 juillet 1867.

M. Ménier, à Saint-Denis.

Ce puits reçoit les eaux d'un puits artésien du Soissonnais ce qui explique son faible titre hydrotimétrique .... 70°

23 mai 1867.

M. Roubeaux, à l'huilerie de Port-Saint-Ouen.

Profondeur du puits 33 mètres, titre............... 165°

L'eau sert à divers usages, même à l'alimentation des chaudières à vapeur.

Tandis que deux chaudières sont en pression, la troisième est en nettoyage. Au bout de 15 jours de marche, les chaudières sont tapissées d'un dépôt blanc, composé principalement de sulfate de chaux; on en retire environ cinq hectolitres; on nettoie le coup de feu avec plus de soin que le reste de la surface de chauffe.

Cette eau a donné :

Acide carbonique..	0.023
	———
Carbonate de chaux	0.12
Sulfate id	1.32
Sels de magnésie	0.23
	———
	1.67

Il y a des chlorures et des sulfates.

L'usage de cette eau offrirait des dangers, si de fréquents nettoyages ne venaient débarrasser les chaudières du tartre qui les encombre.

En admettant que les chaudières aient 40 mètres de surface de chauffe chacune, cela fait en 15 jours une épaisseur moyenne de 12 à 13 millimètres de dépôt. Aussi la consommation de combustible doit certainement être beaucoup plus forte, pendant les derniers jours de marche que pendant les premiers.

PUITS ARTÉSIENS.

L'eau des puits artésiens de Saint-Denis et de Saint-Ouen provient presque de la base du terrain tertiaire qui a, en cet endroit, une épaisseur de 140 ou 150 mètres.

Les forages traversent le diluvium, le calcaire de Saint-Ouen, les sables de Beauchamps, la marne lacustre du calcaire grossier, le calcaire grossier, et aboutissent aux sables du Soissonnais, dont l'épaisseur est de 40 à 45 mètres.

On commence à avoir l'eau jaillissante à une profondeur de 60 ou 65 mètres ; on peut forer jusqu'à 110 ou 115 mètres, avant de toucher à l'argile plastique. Toutefois, dans les sables du Soissonnais, on rencontre déjà des amandes d'argile brunâtre ; ces sables en contiennent deux que l'on traverse toutes deux à Saint-Denis et qui forment là trois nappes distinctes.

Ces sables donnent des puits artésiens à la vallée de la Seine, Epinay, Saint-Denis, Corbeil, Soisy, Pontoise, vallée de la Marne, Gournay, Annet, Lagny, Chelles, Bry. Leurs points d'affleurements supérieurs sont dans les vallées de l'Oise (La Fère), de l'Aisne (Attichy, Soissons), de la Marne (Changis à Dormans).

Le débit des puits artésiens varie peu avec le diamètre du forage ; la hauteur de jaillissement diminue à mesure que l'on s'éioigne des points d'affleurement; les couches aquifères se comportent en cela comme de véritables conduites d'eau.

La hauteur statique de jaillissement est de 5 à 9 mètres; cependant l'eau s'élève peu au-dessus du sol, à cause de l'énorme frottement que les couches arénacées opposent au mouvement des masses fluides.

Dans quelques puits, dont la cote de nivellement est élevée (par exemple le chemin des Poissonniers), l'eau reste au-dessous de la surface du sol; elle n'est donc vraiment pas artésienne, c'est-à-dire jaillissante, et ne peut être extraite que mécaniquement.

Le débit des puits est en raison inverse de leur nombre. Autrefois l'eau montait à la cote 37; aujourd'hui, elle ne monte plus qu'à la cote 34.

Le bassin tertiaire de Paris est très-sulfaté; toutefois, sa partie inférieure l'est très-peu. Les puits artésiens des sables du Soissonnais ne contiennent que des traces de sulfates.

Le titre hydrotimétrique de ces puits est en général de 40 à 44°. Il est plus élevé à la suite d'une saison sèche qu'à la suite d'une saison pluvieuse.

Le degré diminue quand le débit augmente, ce qui est rationnel. Il m'a paru un peu plus faible dans les puits les plus profonds que dans les anciens puits.

En 1862, M. Robinet avait trouvé :

Légion d'honneur (octobre)..	44°
Mendicité (18 novembre)....	42 5
Grande caserne (id.)......	40
Picou..................	42 5

Ces eaux renfermaient : acide sulfurique, traces chlore 1/50000.

En juin 1865, M. P. Morin a trouvé :

Place aux Gueldres, 53 mètres de profondeur .... 44°
Apostoly,   112   débit par $1'$ = 300 litres.. 44°
Déesse .... 44°
Coës, débit par $1'$ = 300 litres....................... 44°
Maletre, 108 mètres................................. 44°
A la même époque, eau de Seine dans les réservoirs de la
   commune... 20°

En 1867, c'est-à-dire à la suite de longues pluies, j'ai obtenu
les résultats consignés dans le tableau suivant :

TABLEAU.

DATE DU PUISAGE.	PUITS.	PROFONDEUR.	COTE DU SOL.	DIFFÉRENCE.	DÉBIT PAR 1'.	DEGRÉ HYDROTIMÉTRIQUE.
4 avril 1867...	Place aux Gueldres............	95	31.95	63.05	131 litr.	43° 00 {Acide carbonique.. 0.0225 / Carbonate de chaux. 0.263 / Sels de chaux autres. 0.028 / Sels de magnésie.. 0.094 — 0.285
28 avril........	La Déesse....................	80 envir.	30.90	49.10 env.	»	44.00
Id.........	Rue du Saulger...............	104	32.95	71.05	100 envir.	41.00
16 mai.......	M. Moreau, 16, rue des Ursulines...	87	»	»	11.6	42.50
Id.........	M. Coès, rue du Port.........	78	29.20	48.80	»	43.33
23 mai........	Docks Saint-Ouen..............	»	»	»	»	43.00
6 juin........	M. Apostoly..................	»	»	»	»	41.00
Id.........	M. Malétra...................	118	38.50	79.50	»	39.60 (au moins).
Id.........	M. F. Cogniet................	90	37.50	52.50	»	40.75
13 juin........	Lavessière (puits extérieur)........	115	»	»	»	40.80
11 juillet......	Hôtel-Dieu...................	»	»	»	»	44.00
18 juillet......	Grande Caserne...............	90	30.90	59.10	»	37.25 {Carbonate de chaux. 0.3 / Sels de magnésie.. 0.09 — 0.39
Id.........	Maison de détention (mendicité)....	75	30.60	44.40	»	37.00
Id.........	Picou jeune, rue de Paris.........	92	30.70	61.30	»	41.00
26 septembre...	Courvoisier..................	87.50	29.60	57.90	»	41.20
Id.........	Légion d'honneur..............	101	33.15	67.85	»	40.30

L'eau de la rue du Saulger a décomposé, par litre, 5^{millg} 2 de permanganate de potasse; celle du puits de M. Apostoly 6^{millg} 4; il y a donc des matières organiques ou de l'hydrogène sulfuré dans ces eaux. Si l'on voulait les comparer plus exactement, au point de vue de ce dernier gaz, il faudrait faire usage du sulfhydromètre. Quand l'eau débouche dans un bassin (M. Coès, M. Courvoisier, etc.), on y observe des filaments d'apparence albuminoïde, flottant au sein du liquide et adhérant, par un bout, à la circonférence du tuyau d'ascension; desséchés et jetés sur des charbons ardents, ils ont répandu une odeur de plume brûlée.

Voici l'analyse de l'eau du premier puits artésien foré à la gare de Saint-Ouen; les deux analyses faites, en 1829, par M. Ossian Henry, portent sur deux nappes différentes.

SUBSTANCES GAZEUSES.	Eau de 65 ^{m}.	Eau de 49 ^{m}.
Acide carbonique.	0.0650	0.060
Azote	0.0040	»
Oxygène	»	»
Acide sulfhydrique	0.0024	traces.
SUBSTANCES FIXES.		
Chlorure de sodium	0.0551	0.002
— potassium	traces.	indices.
— calcium	indices.	0.005
— magnésium	indices.	0.017
Sulfate de soude	0.0912	0.022
— chaux	traces.	0.456
— magnésie	»	0.021
Carbonate de chaux (1)	0.0271	0.121
— magnésie (1)	0.0516	0.042
Phosphate de chaux	traces.	0.001
Acide silicique	0.0360	0.040
Alumine	0.0024	0.002
Oxyde de fer	0.0024	0.003
Glairine ou matière organique.	0.0040	0.002
Total	0.2674	0.734

(1) Primitivement à l'état de bicarbonates.

Il y a donc dans ces eaux des matières organiques, ce qui explique pourquoi il est difficile de conserver, sans altération, les eaux de certains puits. Les puits artésiens ne contiennent pas d'oxygène, ni d'acide carbonique libre ; elles renferment de l'azote. On a prétendu que de telles eaux donnaient le goître, etc. Rien ne prouve de telles assertions ; tout au contraire, à la Légion d'honneur, dont les jeunes pensionnaires ne boivent, en fait d'eau, que celle du puits artésien de l'établissement, on n'a jamais remarqué de goître.

En résumé, la fraîcheur des eaux des puits artésiens de Saint-Denis (13° à 13° 5 C^x), leur limpidité, leur composition en font une bonne eau potable.

Leur odeur sulfureuse est très-fugace ; elle se dissipe en deux ou trois heures dans les vases ouverts ; d'ailleurs on s'y accoutume très-vite ; elle n'est donc pas un grand inconvénient. L'eau des puits artésiens de Saint-Denis et de Saint-Ouen fait des grumeaux avec la dissolution de savon ; elle ne convient donc pas au savonnage et ne doit être employée à cet usage que faute d'autre.

La forte proportion de bi-carbonate de chaux qu'elle contient, la rend également impropre à l'alimentation des chaudières ; celles-ci s'incrustent très-vite d'un dépôt très-adhérent. C'est un fait remarquable que les eaux, contenant principalement du sulfate ou du carbonate de chaux, sont bien plus incrustantes que celles qui renferment ces deux sels en proportions comparables.

De grands industriels (MM. Malétra, Cogniet, etc.), après s'être installés en vue de l'emploi des eaux des puits artésiens pour leurs chaudières, y ont rénoncé.

On peut améliorer ces eaux en les traitant par une base ou un alcali.

On pourrait, par exemple, employer par mètre cube d'eau 380 grammes d'hydrate de soude ou 150 grammes de chaux vive, (ces réactifs étant supposés purs) ; le titre s'abaisserait au niveau de celui de l'eau de Seine.

On produirait le même effet dans les usines où l'on peut utiliser des chaleurs perdues, en portant l'eau à l'ébullition et l'y maintenant environ une demi-heure ; une chaudière à air libre, munie d'un simple couvercle, conviendrait pour cette opération.

Il serait à désirer que les puits artésiens que l'on fore dans la même nappe ne fussent pas trop rapprochés les uns des autres, sans cela ils se nuisent considérablement (1).

On en est déjà réduit à chercher l'eau artésienne plus loin que dans les sables du Soissonnais. La dépense d'installation, qui était jusqu'ici d'environ 10,000 francs pour un bon puits, bien tubé en cuivre, sera désormais bien plus élevée (environ le triple) et le succès sera moins certain.

Quant à l'entretien (retubage, nettoyage des sables qui engorgent la base des tubes au bout d'un certain temps), il sera encore plus onéreux.

M. Lavessière, qui vient d'entrer le premier dans cette voie nouvelle, a traversé l'argile plastique, les sables de Rilly et les marnes de Dormans ; à 140 mètres il a rencontré la craie ; on y a pénétré de 1ᵐ 50.

---

(1) On sait que le débit du puits de Grenelle a considérablement diminué quand l'eau a jailli à Passy ; il diminuera probablement encore quand les puits de M. C. Say et de la Butte-aux-Cailles seront terminés.

Ce qui se produit sur ces puits artésiens qui tirent leurs eaux des sables verts, sous le terrain crétacé, se produit sur ceux de Saint-Denis, qui fonctionnent d'après le même principe.

On peut porter jusqu'à 900 et 1,000 litres par minute le débit d'un puits à Saint-Denis, en y faisant travailler des pompes ; au delà de cette limite, que l'on doit considérer comme un maximum, il y a entraînement des sables par les lanternes des tubes.

COURS D'EAU A SAINT-DENIS.

Tandis qu'à Saint-Ouen on ne dispose que d'eau de puits ou d'eau de Seine, à Saint-Denis on possède, en outre, plusieurs cours d'eau et un canal. Les plus importants de ces cours d'eau sont le Croult, le Rouillon et la Vieille-mer; ils arrivent tous trois de Dugny à Saint-Denis, en suivant à peu près le même trajet.

Le Croult (Rivière).

28 avril 1867.

Le Croult prend sa source au Thillay (canton de Gonesse, Seine-et-Oise). Pris chez MM. Ollier, Glénard fils, Morel et Cie, teinturiers, en amont de Saint-Denis, il était ce jour-là, par exception, assez limpide et a donné les résultats suivants :

Titre total . . . . 64°

Acide carbonique, par litre.	0.015
Carbonate de chaux	0.350
Sulfate id	0.189
Sels de magnésie	0.122
	0.661

Il y a un peu de chlorures. Cette composition fait voir que l'eau de cette rivière, quoiqu'un peu chargée, conviendrait à la boisson,

si les diverses usines qu'elle dessert n'en souillaient habituelle-
ment les eaux.

Il ne serait peut-être pas prudent d'alimenter des chaudières
avec le Croult et les autres cours d'eau de Saint-Denis, car il peut
se faire que les eaux soient quelquefois un peu acides, ce qui dé-
tériorerait très-vite la tôle. Voir l'accident du 1er avril 1865, au
Moniteur du 17 février 1866.

Il y a sur le Croult des teintureries, impressions sur étoffes,
moulins, tanneries, mégisseries, laveries de laine, fabriques de
crin, blanchisseries, etc.

MM. Ollier et Cie, bien que situés en amont de la plupart de ces
industries, attribuent à l'usage de l'eau du Croult, la difficulté
qu'ils éprouvent à obtenir des couleurs fines.

Les blanchisseries placées sur le Croult sont si nombreuses,
que, à certains moments, le titre du cours d'eau diminue considérablement; il est vrai que c'est aux dépens de sa pureté; ainsi j'ai
trouvé :

11 juillet 1867.

Croult inférieur, à l'Hôtel-Dieu, à la buanderie, essayé le 26 juillet, avait une odeur de pourriture et marquait .... 45°

11 juillet 1867.

Croult supérieur, rue du Pont-Godet, essayé le 26 juillet,
avait une odeur d'œufs pourris et marquait............ 48°

17 août 1867.

Au même point, essayé le 25 août, même odeur, titre
seulement.... .... 39°

Le Croult, à Saint-Denis, reçoit la Vieille-Mer, le rû de Mont-
fort et le Rouillon.

Le Rouillon (Rivière).

Est formé de la réunion d'une des branches du Croult avec la Mollette.

28 avril 1867.

Pris en amont de Saint-Denis, dans la prairie de M. Fould, près de la double couronne du Nord, il était assez limpide et marquait . . . . 74°

Le même échantillon, essayé le 24 juillet, ne marquait plus que. . . . . 63°

Il s'était dégagé de l'acide carbonique et déposé du carbonate de chaux.

L'analyse hydrotimétrique, en prenant 74° comme titre total, a donné :

Carbonate de chaux	0.38
Sulfate.	0.28
Sels de magnésie.	0.15
	0.81

Ce cours d'eau alimente : Impressions sur étoffes, blanchisseries, moulins ordinaires, moulins de bois de teinture, etc.

Il reçoit la fontaine de Joncherolles et le Vert-Galand, ce qui élève son titre au-delà de 74°. Il se jette dans le Croult. Le Rouillon est un peu plus limpide que le Croult.

La Vieille-Mer (Rivière).

28 avril 1867.

C'est une des branches du Croult. A la digue, a déjà reçu le

Saint-Lucien; l'échantillon était assez limpide et marquait:

le 30 avril.. 62° 3
le 25 juillet... 62 3

Carbonate de chaux, env... 0.082
Sulfate........................ 0.718
Sels de magnésie............ 0.016
———
0.816

La Vieille-Mer se jette dans le Croult et contribue à alimenter les industries dont nous avons parlé au sujet de ce cours d'eau.

Rigole d'assainissement.

Reçoit le trop plein du Croult, du Rouillon et de la Vieille-Mer, ainsi que le produit d'un grand nombre de fossés. Elle est souvent à sec.

Le rû de Montfort.

Prend sa source à Bobigny, à la cote 43ᵐ 39.
Il reçoit à Crévecœur l'eau d'un puits artésien qui l'améliore.

28 avril 1867.

Pris à la digue du fort de l'Est, en amont de Saint-Denis, le rû a déjà traversé plusieurs usines; son eau est infecte, elle attaque les métaux. L'échantillon essayé le 4 mai marquait. 120°
Le 27 juillet.. 120

Carbonate de chaux....... 0.75
Sulfate....................... 0.60
———
1.41

Pas de magnésie.

Ce ruisseau alimente : boyauderies, cartonneries, fabrique de gélatine, blanchisseries de toiles, imprimeries sur étoffes. Il se jette dans le Croult, à l'Hermitage, chez M. Belleville.

Fontaine de Joncherolles.

Prend sa source à Pierrefitte, à la cote 39.24.

Son eau n'est bonne à aucun usage. On s'en sert cependant, route de Pierrefitte n° 13, pour désagréger des produits animaux que l'on y fait tremper, os, peaux, etc.

28 avril 1867.

Elle marque à cet endroit........................ 125°

Elle se jette dans le Rouillon.

Le Vert-Galant (Ruisseau).

Prend sa source près de l'ancien château de Villetaneuse à la cote 38ᵐ 46.

28 avril 1867.

Pris dans le jardin de M. Morel, maire de Villetaneuse, il marquait............................ 144°

Cette eau n'est bonne à aucun usage ; elle tarit quelquefois en été ; aussi, M. Morel ne s'en sert pas pour alimenter sa distillerie ; il emploie l'eau d'un puits ordinaire.

Le Vert-Galant se jette dans le Rouillon.

————

Tous ces cours d'eau sont plus ou moins impropres à l'alimentation des chaudières à vapeur; toutefois, plusieurs industriels s'en servent en ajoutant à leur eau des *désincrustants ou tartrifuges.*

Ces ingrédients, dont les vendeurs tiennent la composition secrète et dont ils déguisent les caractères en y ajoutant des matières colorées, ont presque tous pour substance efficace, le carbonate de soude ; il y en a toutefois, qui renferment de la sciure de bois des îles, de l'acide chlorhydrique, etc.

Ceux qui combattent le mieux les incrustations séléniteuses et dont l'emploi présente le moins de dangers, ont pour principe actif le carbonate de soude.

Un équivalent de ce sel décompose un équivalent de sulfate de chaux; les équivalents de ces sels ont presque le même poids.

Les eaux saturées de sulfate de chaux à $25^{oc}4$ contiennent jusqu'à 3^g5 de ce sel par litre.

Une eau contenant un gramme de sulfate de chaux, par litre, exige $1^g \times \dfrac{662.5}{650}$ de carbonate de soude supposé pur et sec.

Pour une chaudière consommant 1,000 litres d'eau par jour, soit 30 mètres cubes par mois, ce serait 30^g576 de soude qu'il faudrait employer. C'est déjà là une dépense notable.

On use plus de 30^g576 de poudre antitartrique pour produire tout l'effet désirable ; cela tient à ce que le carbonate de soude n'y est pas à l'état de pureté ; cela tient aussi à ce que l'on ignore généralement la dose minima que l'on doit introduire dans la chaudière.

La question du blanchissage offre encore plus d'intérêt.

Il y a sur les cours d'eau dont nous nous occupons plus de

cent petites blanchisseries employant dix-huit cents femmes et trois cents hommes. Non-seulement on blanchit à Saint-Denis le linge du pays, mais on va en chercher à Paris.

Supposons un blanchisseur installé sur le meilleur des cours d'eau de Saint-Denis, le Croult, en amont de la ville ; il dépensera non-seulement en main-d'œuvre, mais en matières diverses. beaucoup plus que s'il consommait de l'eau de Seine.

Négligeons l'excès de dépense de main-d'œuvre puisque les éléments d'un calcul nous manquent sous ce rapport ; négligeons aussi la différence de sel de soude employé au coulage, cette différence produisant une somme trop minime et ne considérons que la différence des dépenses de savon. Elle sera d'environ 4ᵍ 5 par litre d'eau employé au savonnage.

Il faut en bassin 5 litres d'eau pour savonner 1 kilogramme de linge (pesé sec) ; sur un cours d'eau, on en emploie bien plus ; je crois qu'en admettant le chiffre de 10 litres, on sera près de la vérité.

Une personne validé salit environ 200 kilogrammes de linge par an ; c'est donc sur le Croult une dépense d'eau de 2,000 litres. Elle correspond à une différence de dépense de savon $= 4^g\,5 \times 2000$, soit 9^k de savon ; pour cent clients, le blanchisseur usera 900 kilogrammes de savon par an, soit environ 760 fr. par an.

Or, qu'aurait coûté l'eau de Seine produisant le même effet ; On en eut usé 5 litres par kilogramme de linge savonné en lavoir, soit par personne et par an 1,000 litres, soit pour 100 personnes, 100 mètres cubes.

Or, 100 mètres cubes par an font par jour 275 litres.

En jetant les yeux sur le tableau suivant, on voit qu'il faut pour avoir 275 litres par jour prendre un abonnement de 500 litres, soit par an, 110 francs ; nous sommes loin de 760 francs.

Tarif des abonnements d'eau de Seine pour Saint-Denis.

Pour un abonnement de 60 lit. d'eau par jour.   20 fr. par an.
    —   125   —   36
    —   250   —   65
    —   500   —   110
    —   750   —   150
    —   1000   —   180

Quantités excédant 1,000 litres, 3 centimes l'hectolitre.

Pour grandes quantités, on traite de gré à gré.

En poursuivant toujours le même raisonnement, nous pourrions faire voir qu'il y aurait avantage pour le blanchisseur à prendre l'eau de Seine, non-seulement pour le savonnage, mais encore pour toutes les opérations (qui exigent, dans les buanderies bien organisées, 30 litres d'eau par kilogramme de linge : essangeage, coulage, savonnage, rinçage, mise au bleu).

On peut dès-lors s'installer ailleurs que sur des cours d'eau souillés par des industries dont plusieurs émettent des déchets de nature animale ; la santé des ouvriers et la salubrité du linge ne pourraient qu'y gagner ; on pourrait, par exemple, se mettre à proximité de la route, ce qui faciliterait les transports, ou s'installer dans de meilleures conditions de loyer.

Ce que nous disons d'un seul blanchisseur serait encore plus frappant pour une réunion de ces industriels, le prix de l'eau de Seine diminuant au fur et à mesure de l'abonnement.

Nous croyons pouvoir prédire le succès aux blanchisseurs qui se réuniront pour fonder un lavoir important.

L'économie que nous annoncions subsisterait encore, quand même on améliorerait la qualité de l'eau en y faisant dissoudre du carbonate de soude, ou en employant, ce qui n'est pas très-propre, de la lessive provenant du coulage.

25 avril 1867.

L'eau de tous les cours d'eau de Saint-Denis, réunie au pont de la Briche, a décomposé par litre 50 à 60 milligrammes de permanganate de potasse.

Cette eau répand l'odeur fade des égouts et dépose rapidement un abondant limon qui forme des alluvions et rend indispensable un curage annuel.

Ce curage, qui se fait à l'étiage, c'est-à-dire pendant les chaleurs, coûte environ 4,000 francs aux intéressés, interrompt leur travail pendant quelque temps et répand aux environs des miasmes dangereux pour la santé publique,

Je crois que la municipalité de Saint-Denis qui est d'une activité et d'un zèle des plus louables, ferait bien de mettre à l'étude un projet consistant à convertir en égout les portions les plus infectes de ces cours d'eau : on éviterait par là les plaintes des riverains.

Sources.

Outre les cours d'eau précédents, citons des sources qui jaillissent aux points bas ; elles sortent du calcaire lacustre.

28 avril 1867.

Ainsi, à la double couronne du Nord, dans le fossé des fortifications, coule une source estimée pour la boisson, elle marque . . . . 57°

13 juin 1867.

A l'étiage, ou voit couler sur le talus du chemin de halage, sur la Seine, entre la manufacture de M. Courvoisier et la propriété de M. Cogniet, une source dont on boit aussi; elle marque..   60°

Sa température est d'environ 15°.

Eau de pluie.

On peut employer l'eau de pluie pour le savonnage dans les ménages, pour l'alimentation de petites chaudières, etc.

Elle ne laisse pour ainsi dire pas de résidu ; son titre hydrotimétrique, varie de 0° à 5° environ, suivant les saisons et l'époque de la pluie. On lui reproche d'oxyder la tôle à l'endroit du niveau habituel de l'eau dans les chaudières.

Quelques personnes en boivent. Un habitant de Saint-Denis m'a affirmé qu'il devait à l'usage de cette eau, comme boisson, la guérison d'une gravelle dont il était affecté.

L'eau de neige fondue possède les mêmes qualités que l'eau de pluie.

La vapeur condensée donne aussi pour le savonnage et l'alimentation des chaudières une eau semblable. Elle ne laisse pas de résidu.

CANAL SAINT-DENIS.

On sait que l'eau de ce canal provient du bassin de la Villette, alimenté lui-même par le canal de l'Ourcq.

Celui-ci est formé de la réunion ou de la dérivation de divers cours d'eau du bassin de la Marne : L'Ourcq, la Grivette, le Clignon, la Gergogne, la Thérouanne, la Beuvronne, le rû de Villenoy, etc.

De tous ces cours d'eau, l'Ourcq est le moins calcaire. On a, à diverses époques, détourné du canal certains affluents, ou bien on en a introduit de nouveaux; il résulte de là que les analyses de l'eau du canal de l'Ourcq, faites à diverses époques, sont peu concordantes.

août 1827.

MM. Vauquelin et Bouchardat ont trouvé au-dessus de la première écluse du canal Saint-Denis :

Acide carbonique.............. 73^{cc},7

Acide silicique............	0 020
Carbonate de chaux........	0 175
— magnésie......	0 020
Sulfate de chaux..........	0 153
— magnésie..........	0 070
Chlorures de magnésium et de sodium.................	0 041
	0º 479

Substances organiques, quantité sensible.

Voici, d'après **M.** Robinet, la moyenne de 7 analyses hydroti-
métriques de l'eau du canal de l'Ourcq, en 1863 :

25 mars 1867.

Acide carbonique............ 9^{cc},15

Carbonate de chaux............	0° 249
Sulfate —	0 033
— de magnésie........	0 074
Chlorure de magnésium.......	0 027

	0^g 387
Matière organique........	0 085

L'Ourcq renferme deux fois plus de carbonate de chaux que la
Seine. La proportion de ce sel diminue beaucoup quand la température augmente.

J'ai trouvé les titres suivants :

28 avril 1867.

En amont de l'écluse Saint-Denis......... 34°

9 mai 1867.

L'eau du canal, en aval de l'écluse........ 31° 5
La même, bouillie et filtrée.... .... 13°

Soit une diminution de 60 0/0 du titre.

La même a décomposé 22^{mg} 5 de permanganate de potasse.

Elle contenait donc une forte proportion de matières organiques, qui tient probablement à ce que les populations, à la Villette, peuvent approcher librement des berges du bassin et y jeter des ordures. Ces matières ne se déposent pas facilement à cause des remous causés par la navigation sur le canal ; elles arrivent donc en partie jusqu'à Saint-Denis.

L'eau du canal est assez bonne pour tous les usages.

SEINE.

L'eau de Seine est, par la nature de ses sels fixes et le faible résidu qu'elle laisse à l'évaporation, une des bonnes eaux connues.

A Charenton, elle reçoit la Marne, dont les eaux limoneuses, à certaines époques, se distinguent longtemps de celles de la Seine.

Leur mélange ne s'opère que lentement; la pompe à feu de Chaillot puise de l'eau de la Marne presque pure; M. Robinet, à l'aide de l'hydrotimètre, a constaté, entre les deux rives du fleuve, une différence sensible jusqu'au pont de Sèvres. Le titre de la rive droite était toujours plus élevé que celui de la rive-gauche.

Il me paraît certain que sans le passage des nombreux ponts de Paris et sans les divers obstacles apportés au courant par les bateaux, îles, lavoirs, bains, etc., le mélange ne serait pas encore complet à Saint-Ouen ni à Saint-Denis.

Les sels de magnésie, qui existent dans la Seine en aval de Paris, proviennent surtout de la Marne.

La Seine contient du carbonate de chaux, car à part l'Yonne et deux de ses affluents, la Seine et les principaux cours d'eau qu'elle reçoit traversent des terrains où le calcaire domine.

Au centre du bassin, autour de Paris, elle reçoit des sources qui sortent du gypse, mais ce nouvel élément entre pour une proportion très-minime dans la masse entière.

La composition de l'eau de Seine est modifiée au-dessous de Paris, par les eaux qu'y déverse la capitale; si l'on en excepte toutefois les eaux des puits artésiens de Grenelle et de Passy; ces eaux ont un titre plus élevé que la Seine (Ourcq, Dhuys, Arcueil, Bièvre, sources du Nord).

22 avril 1867.

A Asnières, le titre des deux rives est sensiblement le même; en effet, j'ai trouvé :

Rive gauche, à 70 mètres en amont de l'égout, à 0^m 30 de la surface.. 20° 1/4

Rive droite, à 100 mètres en amont de l'égout, à 0^m 30 de la surface........... .... 20°

Le mélange des deux échantillons a décomposé par litre 6^{mg}, 4 de permanganate de potasse.

15 avril 1867.

A Saint-Denis, bras droit, en face la pompe à feu de Saint-Denis et de Saint-Ouen, c'est-à-dire en amont de toutes les industries de Saint-Denis :

Rive droite, à 0^m 30 de la surface................ 21° 1/2
La même eau, filtrée sur papier Berzélius......... 20 1/4
Au large, à 0^m 30 de la surface 21 1/2
La même, filtrée.......................... 20
Au large, à 1 mètre de la surface 21 1/2
La même, filtrée........... .... 20 3/4
Rive gauche, à 0^m 30 de la surface.............. 21
La même, filtrée............................... 19 1/3

On voit que le titre hydrotimétrique diminue à mesure que

l'on s'avance vers l'île. Il diminue en moyenne de 1°3 quand on filtre l'eau ; ceci peut s'expliquer par le départ d'une certaine quantité d'acide carbonique.

Le mélange, à proportions égales des quatre échantillons ci-dessus, a donné l'analyse hydrotimétrique suivante :

Acide carbonique........	0.016
Carbonate de chaux......	0.1470
Sulfate . id. (traces).	
Sels de magnésie........	0.0225

Avec l'azotade d'argent, trouble léger (chlorures).
   —   de baryte, trouble très-léger (sulfates).

25 avril 1867.

En face la pompe à feu, à Saint-Denis, bras gauche, près de l'île, a marqué.................................... 20°6
a décomposé, par litre... 5^{mg}, 8 de permanganate de potasse.

Bras droit, près de l'île
a marqué.............   21
a décomposé, par litre... 6,   6   id.

Bras droit, rive droite,
a marqué.............   21
a décomposé, par litre... 9,   2   id.

Même endroit, près du
fond................   id.   21 4
a décomposé, par litre... 13,   6   id.

29 avril 1867.

Même endroit.......   21 5
   id.   mais filtrée.   20 8
n'a plus décomposé, par
litre, que........... 4   id.

Ces résultats démontrent que :

1° L'eau puisée à droite de l'île est sensiblement semblable à celle puisée à gauche, pourvu qu'elle soit prise contre l'île ou à une distance de quelques mètres.

2° L'eau est d'autant plus chargée de matières organiques, qu'on la prend plus près du fond;

3° Les eaux les plus chargées peuvent, si on les filtre, perdre les 3/4 ou les 4/5 des matières organiques qu'elles renferment; ces matières sont donc, pour la plupart, en suspension. Elles se déposent rapidement.

Il convient donc, pour avoir à Saint-Ouen et à Saint-Denis l'eau de Seine la plus pure possible, de la prendre près de l'île, un peu au-dessous de la surface, pour éviter seulement les corps flottants, et de la décanter dans des réservoirs.

Si elle doit servir à la boisson, il convient de la filtrer.

Des filtres fermés (système Védel Bernard ou le système Bourgoise, par exemple), placés à la cave, donneraient une eau fraîche et limpide.

Dans ces conditions, l'eau de Seine, à Saint-Denis, contiendra moins de matières organiques que l'eau de Seine brute en amont de Paris.

15 avril 1867.

J'ai trouvé, en effet, que l'eau puisée à Maisons-Alfort décomposait près de 6^{millg} 7 de permanganate de potasse.

En arrivant à Rouen, la Seine a perdu, par litre, environ 0^{g} 3 de matières fixes (acide silicique, carbonate de chaux, etc.).

Les eaux du réservoir Montmartre, contenant de l'eau de Seine pompée à Saint-Ouen, renferment, d'après M. Hervé Mangon :

Résidu argileux............	0,016
Alumine et oxyde de fer....	0,019
Chaux	0,104
Magnésie................	0,009
Soude..............	0,010
Chlore	0,004
Acide sulfurique..........	0,048
Matières organiques.......	0,023
Acide carbonique	0,070
Total par litre......	0,303

Il y avait ammoniaque, par litre.... 0,0003

L'eau de Seine ne laisse, pour ainsi dire, pas de tartre et n'exige pas de désincrustant dans les chaudières à vapeur ; ainsi, celles de la compagnie des eaux, de 12 chevaux chacune, sont ouvertes tous les mois et on en retire à peine une poignée d'un dépôt terreux, feuilleté et peu adhérent.

L'eau évaporée en contenait certainement davantage ; il est donc à présumer que le tartre se tient en suspension dans le liquide et sort avec de l'eau, entraînée par la prise de vapeur, quand l'ébullition est très-forte, ou bien encore, le dépôt boueux que cette eau forme sort facilement pendant la vidange de la chaudière.

Si l'on purgeait de temps à autre, ce que l'on ne juge pas à propos de faire à la compagnie des eaux, on pourrait, sans inconvénient, laisser en service la même chaudière, pendant six mois ou un an.

L'eau de Seine, distribuée dans des conduites, à Saint-Denis et à Saint-Ouen, a, sur les eaux dont nous avons parlé précédemment, l'avantage de s'élever, seule, à une assez grande hauteur chez les abonnés, ce qui les dispense des pompes de puits.

Elle n'est pas non plus limitée dans son débit, car la source où on la puise suffira toujours à tous les besoins (1).

Elle convient aux teintureries, établissements de bains, lavoirs, savonneries, fabriques de produits chimiques, etc.

L'eau qui côtoye l'île Saint-Denis deviendra, sous peu, plus pure qu'elle n'est actuellement, car l'égoût collecteur, rive gauche, qui reçoit déjà la Bièvre, doit bientôt traverser la Seine à l'aide d'un siphon et rejoindre le collecteur de la rive droite.

Asnières ne recevra donc pas plus d'impuretés que par le passé, mais elles seront toutes reportées sur la rive droite. Cependant, grâce à la lenteur avec laquelle se mélangent les eaux, l'impureté ne gagnera la rive gauche que bien au-dessous de Saint-Denis.

Il est question d'un projet consistant à élever, à Asnières, le produit des égouts de ceinture, à le décanter et à envoyer au loin la partie liquide; le dépôt fournirait à l'agriculture un excellent engrais.

La principale difficulté est évidemment le choix de l'emplacement du dépotoir.

En réalisant un tel projet, l'administration de la ville de Paris accomplira une œuvre de justice et fera droit aux réclamations des populations placées immédiatement en aval de la capitale.

---

(1) La Seine débite à l'étiage : 75^m par seconde,
250 en temps ordinaire,
et 1400 par les fortes crues.

ÉCHELLE HYDROTIMÉTRIQUE.

EAUX.	ORIGINE.	AUTEUR DE L'ESSAI.	DATE DU PUISAGE.	TITRE.
Eau distillée....	»	»	»	⁓0°00
Eau de pluie....	Rue Thénard, à Paris.	André	24 avril 1867.	1.50
Id.........	Moyenne du printemps, à Paris.	Robinet.	1862.	2.15
Id.........	Moyenne de l'hiver, à Paris.	Id.	Id.	4.04
Eau de neige....	Paris.	Boutron et Boudet.	Décembre 1854.	2.50
Allier..........	Moulins.	Id.	5 mars 1855.	3.50
Dordogne........	Libourne.	Id.	26 mars 1855.	4.50
Vienne..........	»	Robinet.	»	4 à 6°
Loire..........	Tours.	Id.	5 avril 1855.	5.50
Néva...........	Saint-Pétersbourg.	Robinet.	Avril 1863.	6.00
Adour..........	»	Id.	»	8.00
Puits de Grenelle.	Minimum au printemps.	Belgrand.	1857 à 1863.	9.18 à 11.56
Id..........	Maximum en automne.	Id.	Id.	
Jourdain........	Syrie.	Commaille.	Juillet 1862.	10.00
Moselle........	Pont-à-Mousson.	André.	24 avril 1867.	10.00
Lot............	»	Robinet.	»	10.00
Puits de Passy..	»	Boutron et Boudet.	Novembre 1861.	11.00
Puisard de M. Vittel.	FORGES-LES-BAINS. Carbonate de chaux...... 0.0721 Autres sels de chaux... 0.0342 Sels de magnésie..... 0.018	André.	11 avril 1867.	12.00
Soude..........	»	Boutron et Boudet.	25 décembre 1854.	13.50
Somme-Soude ...	»	Id.	Id.	13.50
Somme..........	Département de la Marne.	Id.	Id.	14.00
Cher..........e..	«	Robinet.	»	14.00
Rhône..........	»	Boutron et Boudet.	17 avril 1855.	15.00
Yonne..........	A 1,000 mètres de l'embouchure de l'Armençon.	Id.	Id.	15.00
Durance........	Aqueduc de Roquefavours.	Boutron.	10 juin 1862.	15.00
Saône..........	»	Boutron et Boudet.	17 avril 1855.	15.00
Rhin..........	»	Robinet.	»	16.00
Doubs..........	»	Id.	»	17.00

EAUX.	ORIGINE.	AUTUER DE L'ESSAI.	DATE DU PUISAGE.	TITRE.
Vallée de la Vanne	Source d'Armentiéres.	Belgrand.	»	17°96
Id.	Source de Chigy.	Id.	»	20.00
Id.	Source de Saint-Philibert.	Id.	»	19.48
Id.	Source de Theil.	Id.	»	17.33
Id.	Source de Noë.	Id.	»	18,30
Seine..........	Bicêtre (puisée à Alfort).	André.	15 avril 1867.	18.75
Dhuis..........	Ménilmontant.	Belgrand.	»	20.50
Id..........	Pargny (Aisne).	Id.	»	23.00
Oise..........	Pontoise.	Boutron et Boudet.	5 avril 1855.	21.00
Danube........	Vienne (Autriche).	Robinet.	Juillet 1863.	22.50
Marne	Charenton.	Boutron et Boudet.	13 février 1855.	23.00
Vallée du Surmelin à Lacaure (Marne).	1re source.	Belgrand.	»	23.50
Id.	2e source.	Id.	»	19.80
Id.	3e source (très-faible).	Id.	»	18.27
Escaut.........	Valenciennes.	Boutron et Boudet.	5 avril 1855.	24.50
Eau d'Arcueil...	Sources de Rungis (suivant l'époque).	»	»	28 à 43°
Puits artésien de l'Hôtel-Dieu.	Caen.	André.	6 juillet 1867.	30.00
Ourcq..........	Issy.	Id.	1er mai 1867.	33.50
Fontaine.......	Villemonble.	Robinet.	»	39.00
Puits de M. Leroux à Stains :	SOURCE BASSE.	Id.	»	55.00
	Acide sulfurique. 0.05 Chlorure....... traces.	Id.	(Bouillie.)	17.00
	SOURCE HAUTE.	Id.	»	43.00
	»	Id.	(Bouillie.)	13.50
	Acide sulfurique. traces. Chlorure........ traces.			
Bièvre.........	En amont d'Arcueil.	Id.	20 juillet 1863.	45.00
Id.	Sulfates...... 0.25 Chlorure...... 0.05	Id.	(Bouillie.)	25.00
Fontaine communale (près la station).	Montmorency.	Id.	6 mai 1867.	47.00
Source de Rungis.	Bicêtre.	André.	15 avril 1867.	60.00
Prés - Saint - Gervais.	»	Boutron et Boudet.	23 février 1855.	72.00
Puits foré.......	Issy.	André.	1er mai 1867.	90.00
Grands puits. ...	Bicêtre.	Id.	15 avril 1867.	125.0

EAUX.	ORIGINE.	AUTEUR DE L'ESSAI.	DATE DU PUISAGE.	TITRE.
Grands puits....	Bicêtre (bouillie).	André.	15 avril 1867.	102°50
Source.........	Issy.	Id.	1er mai 1867.	116.00
Eau de Belle-ville.	»	Boutron et Boudet.	23 février 1855.	128.00
Puits ordinaire..	Issy.	André.	1er mai 1867.	150.00
Fontaine des Pas-serons.	Montmorency.	Id.	6 mai 1867.	152.00
Puits..........	Rue de Lourcine.	Id.	26 mai 1867.	165.00
Id.	Montmorency (place du marché.)	Id.	6 mai 1867.	175.00
Puits de M. Go-dillot.	Rue Rochechouart.	Robinet.	»	270.00
Id.	Id. (bouillie).	Id.	»	250.00
Eau de mer.	Sulfate..... 1/500 Chlorure... 1/2000 Lion (Calvados).	André.	6 juillet.	600.00

PARIS, IMP. PAUL DUPONT, RUE DE GRENELLE-SAINT-HONORÉ, 45.

www.ingramcontent.com/pod-product-compliance
Ingram Content Group UK Ltd.
Pitfield, Milton Keynes, MK11 3LW, UK
UKHW021630090726
13657UKWH00004B/1558